Louis Pasteur

Combat contre les maladies invisibles

Theresa Marrama

Interior & Cover art by Nikola Kostovski.

ISBN: 978-1-958759-63-9

"Dans les champs de
l'observation, le hasard
ne favorise que les esprits préparés."
-Louis Pasteur

"In the field of observation, chance
favors only the prepared mind."
-Louis Pasteur

TABLE DES MATIÈRES

AUTHOR'S NOTE

This short biographical account of Louis Pasteur's life was inspired by his resolve and success, both of which highlight his legacy. It is based on various sources, including books about his life and numerous internet sites. Some parts have been fictionalized to better tell his story.

I hope you enjoy reading the story and learning how Louis Pasteur's dedication to his work led to some of science's most amazing discoveries.

ACKNOWLEDGMENTS

A big **MERCI BEAUCOUP** to the following people: Sabrina Janczak, Françoise Piron, and Pamela Vasquez.

Prologue

Ceci est l'histoire d'un homme très célèbre. Cet homme célèbre s'appelle Louis Pasteur. Tout le monde connaît Louis Pasteur.

Aujourd'hui, il est très connu[1]. Il est très connu partout dans le monde[2]. Il est le scientifique français le plus célèbre au monde. Il va être connu pour toute l'éternité. Louis a changé[3] le monde des sciences. Louis est l'un des scientifiques qui ont tout changé pour la santé

---

[1] **très connu** - well known
[2] **partout dans le monde** - throughout the world
[3] **a changé** - changed

humaine. Il a transformé le monde des vaccins pour tout le monde.

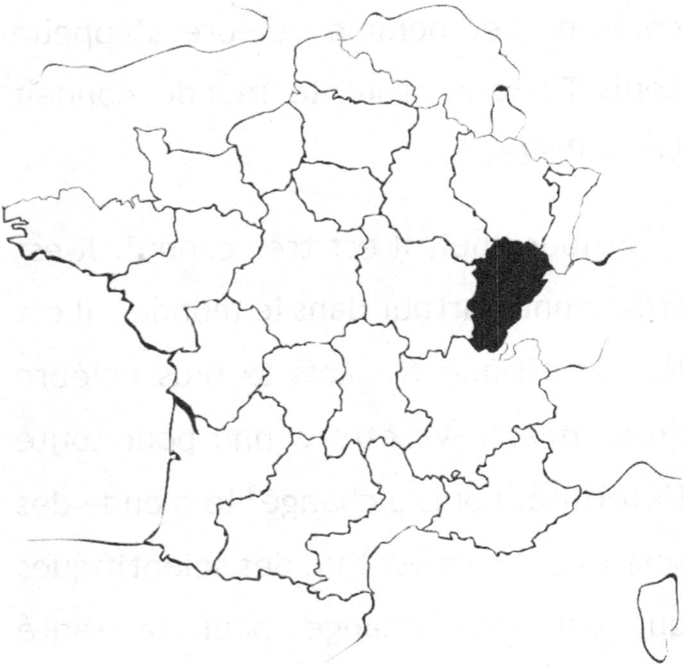

Louis Pasteur est né le 22 décembre 1822. Il est né à Dôle, une ville dans le département du Jura, en France. Le

Jura est dans la région culturelle et historique de Franche-Comté. Cette région est dans l'est de la France, à côté de la Suisse. Louis habitait dans les montagnes. Il a passé beaucoup de son enfance dehors dans les montagnes.

Louis vient d'une grande famille. Il vient d'une famille de cinq enfants. Il a trois sœurs et un frère. Sa sœur ainée est Virginie, et Emilie et Joséphine sont ses sœurs cadettes. Jean-Denis, son grand frère, est mort avant la naissance de Louis. Son père, Jean-Joseph Pasteur, est tanneur[4] et Louis l'aime beaucoup.

---

[4] **tanneur** - tanner (transforms animal skins into leather)

La mère de Louis, Jeanne-Étiennette, est jardinière[5]. Elle aide aussi son mari avec les clients de la tannerie[6]. Louis aime sa famille.

---

[5] **jardinière** - gardener
[6] **tannerie** - tannery (a workshop where animal skin is made into leather)

Chapitre 1

Louis aime l'art

– Louis ! crie son père.

Louis est derrière sa maison. Il passe du temps à dessiner[7] et à peindre[8]. Il aime dessiner. Il aime peindre. L'art l'intéresse beaucoup.

– Louis ! Où es-tu ? demande son papa avec du cuir[9] dans la main.

– Je suis derrière la maison. J'arrive, Papa ! crie Louis.

---

[7] **dessiner** - drawing
[8] **peindre** - painting
[9] **cuir** - leather

À ce moment-là, le jeune garçon met rapidement ses crayons dans la boîte qui est par terre. Il se lève et va vers l'atelier[10] de son père.

Louis entre vite dans le petit atelier de son papa. L'atelier est sombre[11] et il y a beaucoup d'outils[12] et de morceaux de cuir sur une table. Louis observe son papa derrière la table et annonce :

– Papa, je suis là.

---

[10] **atelier** - workshop
[11] **sombre** - dark
[12] **d'outils** - of tools

– Louis, j'ai besoin de ton aide pour un petit moment, explique son papa en montant[13] son projet.

– D'accord, Papa, dit Louis avec un petit sourire.

Louis aide son papa dans son atelier. Il lui passe des outils et tient[14] le cuir pendant que son papa travaille. Il y a une mauvaise odeur dans l'atelier. Louis n'aime pas cette odeur, mais il aime aider son papa.

– Merci pour ton aide, Louis, dit le papa de Louis.

---

[13] **en montant** - while setting up
[14] **tient** - holds

– Pas de problème, Papa. Après, je veux finir mon dessin, dit Louis.

Après que Louis aide son papa, il veut continuer à dessiner. Il sort de l'atelier. Il court rapidement derrière la maison où il prend son crayon de la boîte par terre et il commence à dessiner.

Chapitre 2

Un dessin

– Louis, qu'est-ce que tu veux faire aujourd'hui ? demande son papa.

– Papa, je veux dessiner ! Je veux te dessiner dehors ! répond Louis avec un grand sourire.

Louis a 12 ans et c'est un garçon curieux et créatif. Il aime l'art. Il aime tous les arts, mais il aime beaucoup dessiner. Il aime surtout dessiner sa famille et ses amis. Il aime aussi peindre.

Il peint des portraits de sa famille et des gens qui habitent dans son village. Quand il finit un dessin ou une peinture, il montre son travail à sa famille. Tout le monde dit : « Bravo, Louis ! » Tout le monde est très fier de son art.

– Je dois travailler, mais plus tard tu pourras[15] me dessiner, dit son père.

– Merci, Papa ! dit Louis. J'ai hâte de te dessiner[16] !

Plus tard, Louis est dehors avec son père. Louis se concentre pendant qu'il dessine. Louis regarde tous les détails pendant qu'il dessine son papa. Il observe les détails dans les montagnes à distance. Il observe tout autour de lui[17].

---

15 **pourras** - can
16 **j'ai hâte de te dessiner !** - I can't wait to draw you!
17 **autour de lui** - around him

– Papa, on peut faire de la pêche[18] ce soir ? demande Louis.

Louis aime dessiner et peindre. Il aime aussi passer du temps au bord du lac avec son père.

– Je ne sais pas, dit son papa en entendant la cloche de l'horloge[19] du village. Si je peux finir tout mon travail, c'est une possibilité.

Louis lève les yeux un instant, observant son père avec attention. Puis, il observe son dessin et sourit.

[18] **faire de la pêche** - go fishing
[19] **en entendant la cloche de l'horloge** - while hearing the bell from the clock

– Louis, tu préfères dessiner ou peindre ? demande son père.

Louis regarde son papa. Il continue à dessiner et il répond :

– C'est une question difficile, Papa. J'aime les deux !

Louis continue à examiner tous les détails de son dessin. Pendant qu'il travaille sur les derniers détails de son dessin, son papa l'observe en silence. Il est fier de son fils, de sa passion et de sa détermination. Son papa sait que son fils est talentueux. Mais il ne sait pas qu'un jour, Louis va changer le monde des sciences et non pas de l'art.

Chapitre 3

Un homme qui crie

– Aidez-moi ! Aidez-moi !

Louis marche dans le village avec d'autres élèves quand il entend des cris. Il regarde ses amis et il demande s'ils entendent les cris.

– J'entends un homme qui crie ! Est-ce que vous l'entendez ? Où est-il ? Est-ce que vous pouvez le voir ? Qu'est-ce qu'il y a ?

Louis et les autres cherchent l'homme qui crie. Soudain, Louis le trouve.

– Regardez ! C'est l'homme qui crie ! Je pense qu'il a mal[20], dit Louis.

Le groupe d'élèves regarde l'homme à distance. L'homme a l'air paniqué. Son visage est rouge et il transpire. L'homme crie beaucoup. C'est évident qu'il a un problème. C'est évident qu'il a mal. Louis regarde l'homme avec des yeux grands ouverts[21]. Il ne comprend pas la situation.

– Aidez-moi ! C'était un loup ! Un loup m'a mordu[22] ! crie l'homme.

---

[20] **il a mal** - he is hurt
[21] **yeux grands ouverts** - eyes wide open
[22] **m'a mordu** - bit me

Louis voit un groupe de gens qui commencent à s'approcher de l'homme. Tout le monde parle en même temps, mais personne ne sait quoi faire.

– Oui, il a mal. J'ai entendu qu'il y a un loup enragé[23] près d'ici. Vous pensez que le loup qui l'a mordu est enragé ? dit un des élèves.

[23] **enragé** - rabid

Cet élève, un garçon plus âgé que Louis, marche lentement vers l'homme et le groupe de gens. Il veut voir ce qui se passe. Louis, cependant, reste immobile. Il regarde la scène de loin. Il a peur d'approcher. Quelques minutes plus tard, l'élève revient avec un air sérieux et lui dit :

– Oui, c'est vrai, un loup l'a mordu. Les autres disent que le loup est enragé.

À ce moment, Louis a peur. Sans rien dire à ses amis, il se tourne et commence à courir. Il imagine le loup, avec ses dents pointues et ses yeux brillants, attaquant l'homme. Il continue à courir vers sa maison. Ses jambes tremblent, mais il court aussi vite qu'il peut. Même en courant, il entend encore les cris de l'homme.

Quelques minutes plus tard, Louis arrive chez lui. Il entre dans la maison et il s'approche de son père.

– Papa ! Papa, tu es là ? demande Louis, au bout de souffle[24].

Son père s'approche de Louis. Il remarque que Louis a peur.

– Louis, mon fils, qu'est-ce qu'il y a ? demande son père.

---

[24] **au bout de souffle** - out of breath

– J'ai vu un homme dans le village. Il avait mal, Papa.

– Il avait mal ? demande son papa.

– L'homme a dit qu'un loup l'a mordu. Je pense que le loup était enragé, explique Louis.

– Oh, c'est terrible, Louis. Si le loup est enragé et l'homme attrape la rage[25] à cause du loup, il risque de mourir, explique son papa.

Louis reste silencieux un moment. Il pense à l'homme dans le village et à la peur qu'il a vue sur son visage.

---

[25] **rage** - rabies

– Mais Papa, il ne peut pas aller chez le médecin ? Il n'y a pas de médicaments pour l'aider ? Il n'y a rien à faire pour aider cet homme ?

– Non, Louis. Si une personne souffre de la rage, c'est une maladie mortelle.

– Mais Papa, comment est-ce qu'on peut trouver une solution pour cette maladie ? demande Louis.

– Louis, je suppose que les médecins et les scientifiques peuvent étudier la rage pour mieux comprendre cette maladie et pour trouver un traitement, explique son papa.

Louis regarde son papa mais il ne répond pas. Il pense à la situation avec l'homme. Cette expérience change Louis. Il commence à voir les choses différemment, surtout quand il fait face aux situations difficiles. Peu à peu il se concentre sur les choses qu'il peut faire pour aider les personnes malades.

Chapitre 4

De nouvelles passions

Louis va à l'école comme tous les autres élèves, mais il préfère l'art et la pêche à ses cours. L'école ne l'intéresse pas vraiment. Il n'est pas le meilleur de sa classe, mais il comprend les leçons. Il n'a pas de mauvaises notes[26], mais elles ne sont pas exceptionnelles. C'est un élève moyen.

Adolescent, Louis continue d'être passionné par l'art. Mais après quelques temps, il se découvre une autre passion.

---

[26] **notes** - grades

En 1842, à l'âge de 20 ans, Louis est accepté dans une grande école parisienne, l'École Normale Supérieure. L'École Normale Supérieure est une école prestigieuse en France qui est souvent considérée comme l'une des meilleures pour les études supérieures[27]. Cette école, qui se trouve à Paris, forme des étudiants particulièrement brillants dans divers domaines de la science. C'est là que Louis se découvre une grande passion pour les sciences.

En 1848, il devient suppléant de chimie[28] à la faculté de sciences de

---

[27] **études supérieures** - higher education
[28] **suppléant de chimie** - substitute chemistry teacher

Strasbourg. Un jour, il marche dans un laboratoire de l'université quand il remarque une jeune femme sérieuse qui travaille. Elle est la seule femme dans le laboratoire, mais c'est évident qu'elle aime être là. Elle est totalement dans son travail. Intrigué, Louis veut parler avec elle. Il s'approche d'elle et lui dit :

– Bonjour, je suis Louis Pasteur. Je suis professeur ici à l'université. Comment vous appelez-vous ?

La femme lui sourit et répond :

– Enchantée. Je suis Marie Laurent. Je suis la fille du recteur de la faculté de sciences ici à l'université.

– Oui, je vous ai vue ici avant. Vous aidez votre père avec les notes de recherches et les autres choses dans son laboratoire, n’est-ce pas ?

– Oui, c’est vrai, répond Marie. J’aime travailler avec mon père.

Louis tombe immédiatement sous le charme de cette jeune femme. Elle est belle, intelligente et sérieuse. Elle va changer sa vie. Un an après leur première rencontre, Louis Pasteur et Marie se marient en 1849.

Marie aide beaucoup Louis dans son laboratoire et participe activement à ses recherches. Ils travaillent ensemble et discutent souvent, et Louis voit que Marie est différente des autres femmes. Elle est passionnée des sciences et de son travail à l'université. Elle l'aide souvent dans son laboratoire. Il est content que sa femme s'intéresse aux sciences comme lui et veut travailler avec lui.

Un jour, il parle avec sa femme et il lui dit :

– Marie, depuis que j'ai découvert la chimie, je m'intéresse beaucoup à la cristallographie.

– Qu'est-ce que la cristallographie ?

– La cristallographie est la discipline qui cherche à comprendre la structure des cristaux[29], explique Louis.

Marie est curieuse et lui demande :

– Pourquoi est-ce que tu penses que la cristallographie est importante à comprendre ?

– Je pense que c'est simple. Si on comprend pourquoi les cristaux se forment et comment ils se comportent[30], on peut comprendre les réactions chimiques des cristaux.

– Que c'est intéressant !

---

[29] **cristaux** - crystals
[30] **se comportent** - they behave

Pendant son travail, Louis découvre que les cristaux qu'il étudie sont le résultat de la fermentation de la bière. Après beaucoup de recherches dans son laboratoire, Louis découvre finalement quelque chose de très intéressant. Il l'explique à sa femme :

– J'ai découvert que les cristaux sont semblables et différents à la fois. Les cristaux sont symétriques. Certains sont comme des reflets dans un miroir. C'est une découverte très intéressante et très importante.

– C'est incroyable Louis ! Aucun chimiste ne l'avait remarqué avant toi !

C'est une très grande découverte ! s'exclame Marie.

Avec cette découverte, Louis rend possible l'étude de la stéréochimie, qui examine la position des atomes à l'intérieur des molécules. Cette étude est importante aujourd'hui dans la fabrication de médicaments. C'est également important dans la science de la nanotechnologie[31].

---

[31] **nanotechnologie** - the science of manipulating molecules on an atomic level

Chapitre 5

Le grand problème des vers à soie[32]

Louis Pasteur devient de plus en plus célèbre en France. Il continue de faire des découvertes importantes en chimie. Grâce à ses recherches et son aide dans la communauté scientifique, les gens commencent à respecter son travail. Ils commencent à le considérer comme un grand scientifique. Sa réputation grandit dans toute la communauté scientifique.

En 1865, Jean-Baptiste Dumas, un réprésentant du gouvernement et un ancien professeur de Louis s'approche

---

[32] **des vers à soie** - silkworms

de lui. Il veut parler d'un grave problème qui affecte les vers à soie. Il demande à Louis de l'aider à résoudre ce problème.

– Docteur Pasteur, la production de soie est en danger ! Pouvez-vous nous aider à trouver une solution ? demande son ancien professeur.

– Quoi ? La production de soie est en danger ? Comment ? demande Louis.

– Il y a une maladie qui ravage les vers à soie. On ne comprend pas ce qui cause cette maladie, explique son ancien professeur.

– Pouvez-vous m'en dire plus ? Où se trouve ce problème ?

– Le problème existe non seulement en France mais aussi dans toute l'Europe. Les vers à soie meurent[33]. C'est un problème pour de nombreuses fermes de vers à soie[34], explique son ancien professeur.

– C'est un plaisir pour moi d'essayer de trouver une solution, répond Louis.

[33] **meurent** - are dying
[34] **fermes de vers à soie** - silkworm farms

Louis passe d'innombrables heures dans son laboratoire, cherchant une solution. Avec l'aide de sa femme, Louis continue à faire beaucoup de recherches sous le microscope. Finalement, après quatre ans, en 1869, Louis découvre quelque chose d'intéressant.

Au cours de ces quatre années[35], Jean-Baptiste Dumas, le représentant du gouvernement devient de plus en plus impatient. Il veut savoir si Louis fait des progrès. Il arrive dans le laboratoire de Louis et lui demande :

---

[35] **au cours de ces quatre années** - during these four years

– Est-ce que vous avez découvert pourquoi les vers à soie sont malades ? Vous avez trouvé une solution ?

– Oui, après avoir fait beaucoup de recherches, j'ai découvert que la maladie des vers à soie est causée par des microbes.

– Des microbes ? C'est quoi, les microbes ? demande l'homme.

– Les microbes sont des organismes microscopiques. Ils sont invisibles à l'œil nu[36]. Ces microbes peuvent causer des maladies infectieuses. C'est la

[36] **invisibles à l'oeil nu** - invisible to the naked eye

raison pour laquelle les vers à soie continuent à mourir.

– Est-ce qu'il est possible d'éliminer ces microbes ?

– Les vers sont touchés par deux maladies distinctes : la flacherie et la pébrine. La flacherie est une maladie qui rend les vers à soie faibles et peut les tuer. Elle est causée par des bactéries ou des virus, et touche souvent les vers élevés dans de mauvaises conditions. Par contre, la pébrine est une maladie héréditaire et contagieuse, causée par un parasite. Elle affecte certains vers à soie et crée des taches sombres sur leur corps, explique Louis.

– Qu'est-ce qu'on peut faire ?

– D'après toutes mes recherches, je pense qu'il faut garder les fermes propres et bien choisir les œufs pour éviter ces maladies. On ne doit utiliser que des œufs des papillons femelles sans parasites. Il faut éradiquer les larves malades pour avoir des vers à soie en bonne santé. Enfin, il faut prendre des mesures radicales d'hygiène dans les fermes de vers à soie. Mais la chose la plus difficile va être de convaincre les éleveurs de la nécessité de ces mesures, explique Louis.

– La France vous remercie pour toutes vos recherches, Docteur Pasteur ! La production de soie va être sauvée grâce à vos travaux ! L'Empereur et les éleveurs vont être plus contents que jamais, répond le représentant du gouvernement.

Les recherches de Louis ont connu un grand succès. Les résultats de son travail ont démontré l'importance de l'hygiène dans les fermes et ont révolutionné les pratiques des éleveurs.

Chapitre 6

Les microbes et les maladies

Louis est dans son laboratoire où il est très concentré sur son travail. Sa femme Marie prend des notes sur ses recherches. Il lui parle de ses idées sur son travail et de ses rêves pour changer le monde avec la science. Sa femme l'écoute attentivement.

– Marie, je suis très curieux de comprendre pourquoi les microbes sont à l'origine de certaines maladies chez les humains. Mon expérience avec les vers à soie a piqué ma curiosité. J'espère qu'en faisant cette recherche je pourrai trouver des moyens de prévenir ou de guérir[37] les maladies humaines, dit Louis.

– Je suis sûre que tu vas comprendre pourquoi les microbes sont à l'origine de certaines maladies chez les humains. Tu es sans pareil. Avec ta détermination et ta passion pour les sciences, tu vas réussir, répond sa femme.

Louis regarde sa femme et il sourit. Il sait qu'il peut toujours compter sur sa femme pour l'encourager. Il se dit : *Si de tout petits êtres existent, comme ceux qui rendent malades les vers à soie,*

---

[37] **guérir** - to heal

je suis sûr qu'ils peuvent aussi attaquer des créatures beaucoup plus grandes comme les humains. Si je comprenais mieux les microbes, on pourrait mieux comprendre les maladies !

Louis poursuit ses recherches sur les microbes pendant des heures, devant le microscope, dans son laboratoire.

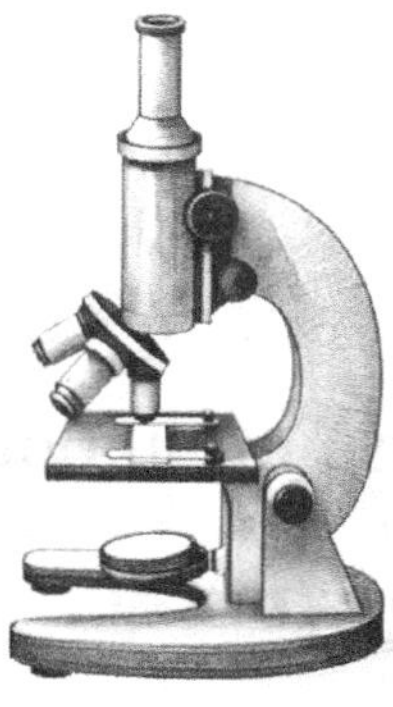

Il continue aussi ses efforts pour prouver sa théorie microbienne. Sa théorie microbienne explique que de très petits êtres vivants, appelés microbes, sont capables de causer des maladies. Finalement, il trouve les réponses qu'il cherche.

– Marie ! Marie ! Viens voir ! crie Louis.

Marie arrive dans son laboratoire en courant.

– Louis, ça va bien ? demande Marie, un peu nerveuse et au bout de souffle.

– Marie, je crois qui j'ai prouvé ma théorie microbienne.

– Louis, vraiment ? C'est incroyable ! répond sa femme.

– Oui, les microbes, comme les virus et les bactéries, se transmettent par des moyens divers : l'air, l'eau, les aliments, ou le contact direct. Les maladies ne viennent pas de l'air malsain comme beaucoup de gens le croient, mais de ces microbes. Si on veut les combattre, on doit garder les endroits propres. On doit stériliser les instruments médicaux. On doit se laver les mains avant d'opérer, et on doit développer des vaccins pour protéger les gens, explique Louis.

– Louis, cette recherche et cette découverte vont changer le monde de la médecine ! C'est incroyable ! répond Marie.

Grâce à la persévérance et à la détermination de Louis à comprendre sa théorie microbienne, on désinfecte les instruments médicaux et on utilise les pansements dans tous les hôpitaux. De plus, avant d'opérer, on se lave toujours les mains.

Chapitre 7

Sauver le vin français

En 1865, les exportations de vins français sont en difficulté. C'est un grand problème parce que le vin français est très important pour l'économie du pays. La France est célèbre pour ses vins et elle est le leader de l'industrie mondiale du vin. Ces vins sont vendus dans le monde entier et l'industrie du vin crée beaucoup d'emplois en France.

Mais pendant cette période, la qualité du vin français souffre et le monde ne veut plus le boire. C'est une crise pour la production du vin.

Un jour Napoléon III rend visite à Louis Pasteur dans son laboratoire.

– Docteur Pasteur, la France a besoin de votre aide !

– Mon aide ? Pourquoi ? Comment ? répond Louis.

– En France, on sait que vous êtes reconnu pour vos travaux sur la fermentation, explique Napoléon III.

– D'accord, mais comment puis-je aider la France ? répond Louis.

– Il y a un problème avec le vin français. Il se gâte vite[38] et cela cause des pertes importantes pour les vignerons[39], répond Napoléon III. Est-ce que vous pouvez trouver une solution pour sauver le vin français ?

– Oui, bien sûr. La fermentation m'intéresse beaucoup. Je promets de faire de mon mieux pour découvrir la raison pour laquelle le vin se gâte. Je vais essayer de trouver une solution à ce problème.

Après beaucoup de travail et de recherches dans son laboratoire, Louis

---

[38] **se gâte vite** - is spoiling quickly
[39] **vignerons** - winemakers

découvre quelque chose de très important. Cette découverte va sauver le vin français. Napoléon III s'approche de lui dans son laboratoire et lui demande :

– Est-ce que vous avez trouvé la raison pour laquelle tout le vin se gâte ?

– Je pense que oui. Le problème principal du vin français est qu'il se gâte souvent en raison de la contamination par des micro-organismes indésirables, répond Louis.

– Est-ce qu'il y a une solution à ce problème ? demande Napoléon III.

– Je pense que oui. Après avoir identifié ces microbes, j'ai développé un procédé pour chauffer[40] le vin à une température spécifique afin de[41] tuer ces bactéries et préserver la qualité du vin, explique Louis.

– C'est une bonne nouvelle ! Ce procédé pourrait peut-être sauver le vin en France !

– C'est possible, mais j'ai besoin de plus de temps pour continuer mes recherches, explique Louis.

---

[40] **chauffer** - to heat
[41] **afin de** - in order

Louis fait des recherches pendant une semaine de plus et parle avec Napoléon III pour expliquer ses résultats finaux.

– C'est vrai, chauffer le vin à une température spécifique peut tuer les bactéries et préserver la qualité du vin, explique Louis.

– C'est une découverte incroyable !

– Mon travail est possible grâce aux travaux de Nicolas Appert et d'Alfred de Vergnette de Lamotte. À cause de leurs travaux, je comprends maintenant qu'on peut chauffer le vin ainsi que d'autres aliments et boissons pour garantir leur conservation et leur goût, explique Louis, satisfait de son travail.

Aujourd'hui ce procédé est connu sous le nom de pasteurisation.

Chapitre 8

Un vaccin est né

Louis n'oublie jamais l'homme qui a été mordu par un loup quand il était jeune. Cette expérience le hante toute sa vie. Il est déterminé à trouver un moyen de prévenir la rage chez les personnes mordues par un animal enragé. En conséquence, il passe beaucoup de temps à développer et perfectionner un vaccin contre la rage.

Le 6 juillet 1885, Louis est dans son laboratoire. Il travaille et fait des expériences comme à son habitude, quand il entend une voix crier :

– Monsieur Pasteur ! Aidez-nous, s'il vous plaît ! Vous êtes la seule personne qui peut aider mon fils.

Louis se lève vite et aperçoit une femme paniquée.

– Quel est le problème, Madame ?

– Monsieur Pasteur, je suis Marie-Angélique Meister. J'ai voyagé pendant deux jours pour vous trouver. Mon fils, Joseph, a été mordu par un chien féroce il y a deux jours. Il a été mordu 14 fois. C'était un chien enragé. J'ai entendu que vous avez travaillé pour développer un vaccin contre la rage. S'il vous plaît, je veux que vous vacciniez mon fils, explique-t-elle.

– Où est votre fils ? demande Louis.

– Joseph, viens ici ! crie la femme.

À ce moment-là, Louis aperçoit le fils de la dame. Le jeune garçon de neuf ans s'approche de sa mère nerveusement. Louis le regarde et il l'examine.

– Je ne sais pas si je peux l'aider, Madame. Les vaccins que j'ai dans mon laboratoire sont encore expérimentaux. Il y a toujours des risques associés à ces vaccinations, explique Louis.

– Oui, je comprends bien les risques Monsieur Pasteur. Mais je n'ai pas le choix. Mon fils risque de mourir. Pouvez-vous l'aider ?

– Je ne sais pas si je peux sauver votre fils, Madame, mais je peux essayer, dit Louis.

Pendant les dix jours suivants, Louis administre 13 vaccins contre la rage à Joseph tout en surveillant de près son état. Enfin le jour de la dernière injection arrive.

– Joseph, c'est la dernière injection aujourd'hui, explique Louis. Es-tu prêt ?

– Oui, je suis prêt ! répond le jeune garçon content de recevoir enfin la dernière injection.

Louis lui administre la dernière injection. Il est nerveux, très nerveux. Il est nerveux parce que cette dernière dose contient le virus vivant de la rage. Après l'injection, il attend avec appréhension.

– Comment te sens-tu, Joseph ? As-tu de la fièvre ? As-tu des douleurs ? demande Louis.

– Je me sens bien, Monsieur Pasteur, répond Joseph.

Louis continue d'observer Joseph pendant un mois après la dernière injection. Enfin, le jour arrive où il annonce à Joseph et sa mère :

– C'est incroyable ! Tu n'as aucun symptôme de la rage depuis la première injection, s'exclame Louis, ému.

La mère du jeune garçon est ravie d'entendre ces mots. Son fils va vivre ! Elle éclate en sanglots[42], des larmes de joie coulant sur ses joues[43].

– Merci, Monsieur Pasteur. Vous avez sauvé mon fils. Merci infiniment !

---

[42] **éclate en sanglots** - bursts into tears
[43] **des larmes de joie coolant sur ses joues** - tears of joy running down her cheeks

Louis répond modestement :

– C'est le vaccin et pas moi qui a sauvé votre fils, Madame.

Le Figaro

vendredi 17 juillet 1885

UN VACCIN CONTRE LA RAGE

Pasteur va sauver des vies avec son vaccin !

Louis Pasteur, célèbre scientifique français, a créé un vaccin contre la rage, une maladie mortelle. Il a sauvé un jeune garçon, Joseph Meister, qui avait été mordu 14 fois par un chien infecté par la rage.

Grâce à ce traitement, le garçon a survécu*, et Pasteur est devenu un héros. Son travail a demontré que les vaccins peuvent protéger contre les maladies mortelles.

*a survécu - survived

Chapitre 9

L'Institut Pasteur et la mort du grand homme

– Je pense à créer un centre de recherche à Paris, dit Louis à sa femme.

– C'est une excellente idée, Louis ! Tu veux continuer la recherche sur les microbes ? Tu veux développer d'autres vaccins ? demande Marie.

– Je veux ouvrir un institut dédié à la lutte contre les maladies en France et dans le monde entier, explique Louis.

En 1887, l'Institut Pasteur est fondé à Paris. Cet établissement est dédié au traitement de la rage et à l'étude de la microbiologie. L'Institut Pasteur est structuré en quatre grands domaines : la recherche, la santé, l'enseignement et l'innovation.

Le Figaro

mercredi 14 novembre 1888

UN INSTITUT POUR LES SCIENTIFIQUES

L'Institut Pasteur est inauguré, un centre pour combattre les maladies

Louis Pasteur, célèbre scientifique français, a inauguré l'Institut Pasteur à Paris, un centre dédié à la recherche sur les maladies et les vaccins.

Cet institut unique permet aux scientifiques de trouver des moyens pour protéger la santé humaine. Louis Pasteur espère que l'Institut Pasteur va devenir un symbole de progrès et qu'il va continuer de contribuer à la santé mondiale.

Louis Pasteur meurt le 28 décembre 1895, à l'âge de 72 ans, dans sa maison à Marnes-La-Coquette, près de Paris. Il reçoit des funérailles nationales.

Aujourd'hui, son corps repose dans une crypte néoclassique au cœur de l'Institut Pasteur, à Paris en France.

Le Figaro

dimanche 29 décembre 1895

LE GRAND SCIENTIFIQUE LOUIS PASTEUR EST MORT À L'ÂGE DE 72 ANS

Louis Pasteur, le grand scientifique, est décédé hier, le 28 décembre à l'âge de 72 ans (1822-1895). Il est célèbre pour avoir créé le vaccin contre la rage et inventé la pasteurisation, un procédé qui aide à conserver les aliments.

Louis Pasteur a révolutionné le monde de la science et son héritage vivra à jamais*.

*His legacy will live on forever.

Faits intéressants sur Louis Pasteur :

Le 19 octobre 1868, à seulement 46 ans, il est victime de son premier accident vasculaire cérébral[44].

En 1892, à l'âge de 70 ans, l'anniversaire de Pasteur devient une fête nationale en France.

Il est connu comme le père du premier vaccin, mais pas comme le fondateur de la vaccination.

Il est également un artiste talentueux et un fervent supporter des arts pendant toute sa vie.

Plusieurs rues portent son nom : aujourd'hui, il y a 2020 rues « Pasteur » en France.

Louis et sa femme, Marie Pasteur, ont cinq enfants, mais vivent plusieurs drames familiaux : leurs trois filles meurent jeunes, victimes de maladies.

---

[44] **accident vasculaire cérébral** - stroke

Louis Pasteur et ses réalisations :

– Premier à développer un vaccin contre la rage.

– Premier à développer un vaccin contre la maladie du charbon[45].

– Premier à apporter une contribution majeure à la lutte contre le choléra.

– Inventeur du procédé de pasteurisation.

---

[45] **maladie du charbon** - anthrax

Glossaire

A

a - has
  a 12 ans - is 12 years old
  a besoin de - needs
  a été mordu - was bitten
  a l'air - seems
  a mal - is hurt
  a peur - is afraid
à - to; at; in
accepté - accepted
accident : accident vasculaire cerebral - stroke
accord : d'accord - okay
administre - administers
adolescent - teenager
adopte - adopts
affecte - affects
affronter - to face
afin de - in order
âge - age
ai - have
  ai besoin de - need
aide - help(s)
aider - to help
aidez - help
aime - like(s); love(s)
ainée - oldest
ainsi : ainsi que - as well as
air - air
  a l'air - seems
aliments - food
amis - friends
an - year
ans : a 12 ans - is 12 years old
animal - animal
années - years
anniversaire - birthday
aperçoit - notices
appelés - called
appelle : s'appelle - is called

appelez : comment vous appelez-vous - what is your name
apporter - to bring
approche : s'approche de - approaches
approcher - to approach
s'approcher de - to approach
appréhension - apprehension
après - after
d'après - according to
arrive - arrives
j'arrive - I'm coming
art - art
artiste - artist
arts - arts
as - have
associés à - associated with
atelier - workshop
atomes - atoms
attaquant - attacking
attaquer - to attack
attend - waits
attention - care
attentivement - attentively
attitude - attitude
attrape - catches
au - at the; to the; in the
aucun - no
n'as aucun - don't have any
aujourd'hui - today
aussi - also
aussi vite qu' - as fast as
autour de - around
autre(s) - other(s)
aux - to the
avait : avait été - had been
avait mal - was hurt
l'avait remarqué - had noticed
avant (d') - before
avec - with
avez - have
avoir - to have; having

B

bactéries - bacteria
beaucoup - a lot
besoin : a besoin de - needs
  ai besoin de - need
bien - well
  ça va bien - are you okay
boire - to drink
boissons - drinks
boîte - box
bonjour - hello
bonne - good
bord - edge
bout : au bout de souffle - out of breath
bravo - bravo
brillants - brilliant; shining

C

ça - it
  ça va bien - are you okay
cadettes - younger
capables - capable
cause - causes
  à cause de - because of
  à cause du - because of the
causée - caused
causer - to cause
ce - this; that; it
  à ce moment-là - at that moment
  ce qui - what
ceci - this
cela - that
célèbre - famous
centre - center
cependant - however
cérébral : accident vasculaire cérébral - stroke
certaines - certain
certains - certain
ces - these
c'est - it's; he is; that is
cet - this; that
cette - this; that
ceux - those

changé : a changé - changed
ont changé - changed
changer - to change
chapitre - chapter
charbon : maladie du charbon - anthrax
charme - charm
chauffer - to heat
cherchant - looking for
cherche - looks for
cherchent - look for
chez - to; at the house of; among
chien - dog
chimie - chemistry
chimiques - chemical
chimiste - chemist
choisir - to choose
choix - choice
choléra - cholera
chose(s) - thing(s)
classe - class
clients - clients
cloche - bell
combattre - to fight
comme - like, as
commence - starts
commence à - starts to
commencent : commencent à - start to
comment - how
comment vous appelez-vous - what is your name
communauté - community
(se) comportent - behave
comprehension - comprehension
comprend - understands
ne comprend pas - doesn't understand
comprendre - to understand
comprends - understand
comprenez - understand

compter - to count
concentre : se concentre - concentrates
concentré : a concentré - concentrated
conditions - conditions
connaît - knows
connu - known
très connu - well-known
conservation - conservation
conserver - to conserve
considérée - considered
considérer - to consider
conséquence : en consequence - as a result
contact - contact
contagieuse - contagious
contamination - contamination
content - happy
contient - contains
continue (à, d',de) - continues
continuent à - continue
contre - against
par contre - on the other hand
contribution - contribution
convaincre - to convince
corps - body
côté : à côté de - next to
coulant - running
courant - running
courir - to run
cours : au cours de - during
court - runs
crayon(s) - pencil(s)
créatif - creative
créatures - creatures
crée - creates
créé - created
créer - to create
crie - yells
crier - to yell
cris - screams

crise - crisis
cristallographie - crystallography
cristaux - crystals
croient - believe
crois - believe
crypte - crypt
cuir - leather
culturelle - cultural
curieuse - curious
curieux - curious
curiosité - curiosity

D

d' - about; of; from; some; about
  d'après - according to
d'accord - okay
dame - lady
danger - danger
dans - in; into
de - of, from; about
décédé : est décédé - died
décembre - December
découvert : ai - découvert discovered
  avez découvert - have discovered
découverte(s) - discovery; discoveries
(se) découvre - discovers
découvrir - to discover
dédié -dedicated
dehors - outside
demande (à, de) - asks
démontré : a démontré - demonstrated
dents - teeth
département - department
depuis (que) - since
dernière - last
derniers - last
derrière - behind
des - some (of the); from (the); of (the); about

désinfecte - disinfects
dessin - drawing
dessine - draws
dessiner - to draw
détails - details
détermination - determination
déterminé - determined
deux - two
les deux - both
dévelppé : ai dévelppé - developed
développement - development
développer - to develop
devenir - to become
devient - becomes
différente - different
différents - different
difficile - difficult
difficiles - difficult
difficulté : en difficulté - in trouble
dire - to say, to tell
direct - direct
discipline - discipline
discutent - discuss
disent - say
distance : à distance - in the distance; far away
distinctes - distinct
dit - says
a dit - said
se dit - says to himself
divers - diverse
dix - ten
docteur - doctor
dois - must
doit - must
domaines - domains; fields
dose - dose
douleurs - pains
drames - drama
du - of the; from the; about the; some

E

eau - water

éclate - bursts
école - school
économie - economy
écoute - listens
également - also
élèves - students
éleveurs - breeders
éliminer - to eliminate
elle - she; it; her
émotion - emotion
empereur - emperor
emplois - jobs
ému - moved
en - in; while
en conséquence - as a result
en difficulté - in trouble
en même temps - at the same time
enchantée - nice to meet you
encore - still
encourager - to encourage
endroits - places
enfance - childhood
enfants - kids
enfin - finally
enrage - rabid
enseignement - teaching
entend - hears
entendant - hearing
entendent - hear
entendu : ai entendu - heard
entier - entire
entre - enters
éradiquer - to eradicate
es - are
espère - hopes
essayer (de) - to try
est - is
est-ce qu' - is it (true) that
est-ce que - is it (true) that
est-ce qu'il y a - is there
et - and
établissement - establishment
étaient - were

était - was
état - state
été : a été - was
avait été - had been
ont été - were
éternité - eternity
être (de) - to be
êtres - beings
étude - study
études : études supérieures - higher education
étudiants - students
étudier - to study
Europe - Europe
évident - obvious
éviter - to avoid
examine - examines
examiner - to examine
excellentes - excellent
exclame : s'exclame - exclaims
existe - exists
existent - exist
expérience - experience
expériences - experiments
expérimentaux - experimental
explique - explains
expliquer - to explain
exportations - exports

F

fabrication - manufacturing
face : faire face aux - confronts
faculté - faculty
faibles - weak
faire (de) - to do, to make
faire de la pêche - go fishing
faisant - doing
fait - does; makes
faits - facts
familiaux - family
famille - family
faut : il faut - it is necessary

femelles - female
femme - woman; wife
femmes - women
fermentation - fermentation
fermes - farms
féroce - ferocious
fervent - passionate
fête : fête nationale - national holiday
fier - proud
fièvre - fever
fille(s) - daughter(s)
fils - son
finalement - finally
finaux - final
finir - to finish
finit - finishes
flacherie - a disease that affects silkworms
fois - times
  à la fois - at the same time
fondateur - founder
fondé - founded
forme - forms
forment : se forment - form
français - French
France - France
Franche-Compté - a region in France
fréquemment - frequently
frère - brother
funérailles - funeral

G

garantir - to guarantee
garçon - boy
garder - to keep
gâte : se gâte - is spoiling
gens - people
goût - taste
gouvernement - government
grâce - thanks
grand - big; great
grande - big; great
grandes - big
grandit - grows up

grands - main
yeux grands ouverts - eyes wide open
grave - serious
groupe - group
guérir - to cure

H

habitait - lived
habitent - live
habitude : à son habitude - as usual
hante - haunts
hâte : j'ai hâte de - I can't wait
héréditaire - hereditary
héritage - legacy
héros - hero
heures - hours
hier - yesterday
histoire - story
historique - historic
homme - man
hôpitaux - hospitals
horloge - clock
humain - human
humaine - human
humaines - human
hygiène - hygiene

I

ici - here
idées - ideas
identifié - identified
il - he; it
il n'y a pas de - there aren't
il y a - there is; there are
il y a 2 jours - two days ago
ils - they
imagine - imagines
immédiatement - immediately
immobile - immobile
impatient - impatient
importance - importance
important - important
importante - important

importants - important
(a) **inauguré** - inaugurated
incroyable - incredible
indésirables - undesirable
industrie - industry
infecté - infected
infectieuses - infectious
infiniment - infinitely
injection - injection
innombrables - countless
innovation - innovation
instant : un instant - for a moment
institut -institute
instruments - instruments
intelligent - smart
intelligente - smart
intéressant - interesting
intéressante - interesting
intéressants - interesting
intéresse :
je m'intéresse à - I am interested in
l'intéresse - interests him
m'intéresse - interests me
ne l'intéresse pas - doesn't interest him
s'intéresse aux - is interested in
intérieur - interior
inventé - invented
inventeur - inventor
invisibles - invisible

J

j'- I
jamais - never; ever
à jamais - forever
jambes - legs
jardinière - gardener
je - I

jeune - young
jeunes - young
joie - joy
joues - cheeks
jour(s) - day(s)
juillet - July
Jura - region in France

L

l' - the; him; it
la - the
là - there; here
laboratoire - laboratory
lac - lake
laquelle - which
larmes - tears
larves - larvae
lave :
se lave - washes
se laver - to wash
le - the; him; it
leader - leader
lentement - slowly
les - the; them
leur - their
leurs - their
lève - raises
se lève - stands
loin - afar
long : tout au long de - throughout
loup - wolf
lui - (to, at) him; (to) her
lutte - struggle

M

m' - me; myself
m'en dire plus - tell me more about it
m'intéresse - interests me
ma - my
madame - Mrs.
main(s) - hand(s)
maintenant - now
mais - but
maison - house
majeure - major
mal : a mal - is hurt
avait mal - was hurt
malades - sick

maladie(s) - sickness(es)
maladie du charbon - anthrax
malsain - unhealthy
marche - walks
mari - husband
marient : se marient - marry
mauvaise - bad
mauvaises - bad
me - me; to me
je me passionne - I am passionate
médecine - medicine
médicaments - medications
médicaux - medical
meilleure - best
meilleures - best
même - same; even
en même temps - at the same time
merci - thanks
mes - my
mesures - measures
met - puts
meurent - die; are dying
meurt - dies
microbes - germs
microbienne - microbial
microbiologie - microbiology
micro-organismes - microorganisms
microscope - microscope
microscopiques - microscopic
mieux - better; best
minutes - minutes
miroir - mirror
modestement - modestly
moi - me
molécules - molecules
moment - moment
pour un petit moment - for a little while
mon - my
monde - world
tout le monde - everyone

mondiale - worldwide
monsieur - Mr.
montagnes - mountains
montant - setting up
montre - shows
morceaux - pieces
mordu : a été mordu - was bitten
avait été mordu - had been bitten
l'a mordu - bit him
m'a mordu - bit me
mordues - bitten
mort - death
est mort - died
mortelle - fatal
mortelles - fatal
mourir - to die
moyen(s) - way(s); average

N

n' : il n'y a pas de - there aren't any
n'... pas - (does) not
n'as aucun - don't have any
n'est-ce pas - right; is it not
naissance - birth
nanotechnologie - nanotechnology
nationale - national
nationales - national
ne : aucun ne - no
personne ne - no one
ne... pas - (does) not
ne... que - only
né : est né - was born
nécessaires - necessary
nerveuse - nervous
nerveux - nervous
neuf - nine

nom - name
nombreuses - numerous
non - no
  non pas - not
normale - normal
notes - grades
nous - us
nouvelle - news
nouvelles - new

O

observant - observing
observe - observes
octobre - October
odeur - odor
on - we; you
ont - have
opérer - to operate
origine : à l'origine - the source
ou - or
où - where
oublie - forgets
oui - yes
  je pense que oui - I think so
outils - tools
ouverts : yeux grands ouverts - eyes wide open
ouvrir - to open

P

paniqué - panicked
paniquée - panicked
pansements - bandages
papa - dad
papillons - butterflies
par - by
  par contre - on the other hand
  par terre - on the ground
parasite(s) - parasite(s)
pareil - equal
Paris - Paris
parisienne - Parisian
parle - talks
parler - to talk
participe - participates

particulièrement - particularly
partout - everywhere
pas - not
  ne... pas - does not
  pas de problème - no problem
passe - spends; passes
  se passe - is happening
passé : a passé - spent
passer - to spend
passion - passion
passionne : je me passionne - I am passionate
passionnée - passionate
pasteurisation - pasteurization
pébrine - a disease that affects silkworms
pêche - fishing
  faire de la pêche - go fishing
peindre - painting
peint - paints
peinture - painting
pendant - during; for
  pendant qu' - while
  pendant que - while
pense - think(s)
  je pense que oui - I think so
  pense à - thinks about
penses - think
pensez - think
perfectionner- to perfect
période - period
permet : permet aux - permits
persévérance - perseverance
personne - person
  personne ne - no one
personnes - people
pertes - losses
petit - small
petits - small
  de tout petits - tiny

peu - little
  peu à peu - little by little
peur - fear
  a peur - is afraid
peut - can
peuvent - can
peux - can
piqué : a piqué - piqued
plaisir - pleasure
plaît : s'il vous plaît - please
plus (de) - more
  de plus - more; what's more
  de plus en plus - more and more
  la plus - the most
  le plus - the most
plusieurs - several; many
pointues - pointy
portent - bear
portraits - portraits
position - position
possibilité - possibility
possible - possible
pour - in order to; for
pourquoi - why
pourrai - will be able
pourrait - could
pourras - will be able
poursuit - continues
pouvais - could
pouvez - can
pratiques - practices
préfère - prefers
préfères - prefer
premier - first
première - first
prend - takes
prendre - to take
près : près de - near
  près d'ici - nearby
préserver - to preserve
prestigieuse - prestigious
prévenir - to prevent
principal - main
problème - problem

procédé - process
production - production
prof - teacher
progrès - progress
projet - project
promets : promets de - promise
propres - clean
protéger - to protect
prouvé - proved
prouver - to prove
puis - then

Q

qu' - that; what
  qu'est-ce qu' - what
  qu'est-ce que - what
  qu'est-ce qu'il y a - what's wrong
qualité - quality
quand - when
que - that; than
  est-ce que - is it that
  ne... que - only
  que c'est intéressant - how interesting
quel - what
quelque - some
quelques - some; a few
question - question
qui - who; that
  ce qui - what
quoi - what

R

radicales - radical
rage - rabies
raison - reason
  en raison de - because of
rapidement - quickly
ravage - ravage
ravie : ravie de - delighted to
réactions - reactions
réalisations - accomplishments
recherche(s) - research
reçoit - receives
reconnu - recognized
recteur - rector

reflets - reflections
regarde - looks at
regardez - look
remarque - notices
remarqué: l'avait remarqué - had noticed it
remercie - thanks
remplit - fills
rencontre - meeting
rend : rend visite à - visits
rendent - make
renforcé - reinforced
répond - responds; replies
réponses - answers
repose - rests
représentant - representative
réputation - reputation
résoudre - to solve
respecter - to respect
reste - stays; remains
résultat(s) - result(s)
réussir - to succeed
rêves - dreams
revient - comes back
(ont) révolutionné - revolutionized
rien - anything
risque(s) - risk(s)
rouge - red
rues - streets
région - region

S

s' - if; himself; herself
  s'appelle - is called
  s'approche de - approaches
  s'approcher de - to approach
  s'exclame - exclaims
  s'il vous plaît - please
  s'intéresse aux - is interested in
sa - his, her
sais - know
sait - knows
sanglots - tears
sans - without
santé - health

sauvé : a sauvé - saved
avez sauvé - saved
sauvée - saved
sauver - to save
savoir - to know
scène - scene
science - science
sciences - sciences
scientifique - scientist
se : se comportent - behave
se concentre - concentrates
se découvre - discovers
se dit - says to himself
se forment - form
se gâte - spoils
se lave - washes
se laver - to wash
se lève - stands
se marient - marry
se passe - is happening
se tourne - turns
se transmettent - are transmitted
se trouve - is found
semaine - weeks
semblables - similar
sens - feel
sérieuse - serious
sérieux - serious
ses - his; her; its
seule - only
seulement - only
si - if
silence - silence
silencieux - silent
simple - simple
s'intéresse aux - is interested in
situation(s) - situation(s)
sœurs - sisters
soie - silk
vers à soie - silkworms
soir - evening
solution - solution
sombre - dark
sombres - dark
son - his, her
sont - are
sort : sort de - leaves

soudain - suddenly
souffle : au bout de souffle - out of breath
souffre - suffers
sourire - smile
sourit - smiles
sous - under
souvent - often
spécifique - specific
stériliser - to sterilize
stéréochimie - stereochemistry
Strasbourg - city in France
structure - structure
succès - success
suis - am
Suisse - Switzerland
suivants - following
suppléant - substitute
suppose - suppose
supérieure - superior
supérieures : études supérieures - higher education
supporter - supporter
sur - on; about
surtout - especially
surveillant - watching over
symbole - symbol
symétriques - symetrical
symptôme -symptom

T

ta - your
table - table
taches - spots
talentueux - talented
tannerie - tannery
tanneur - tanner
tard - late
te - you, to you
température - temperature
temps - time
en même temps - at the same time
terre : par terre - on the ground
terrible - terrible
tes - your
théorie - theory
tient - holds

toi - you
tombe - falls
ton - your
totalement - totally
touche - affects
touchés - affected
toujours - always
tourne : se tourne - turns
tous - all
  tous les - every
tout - all; everything
  de tout petit - tiny
  tout au long de - throughout
  tout le monde - everybody
toute (l') - all
  toute sa vie - his whole life
toutes - all
traitement - treatment
transforme - transforms
transformé : a transformé - transformed
transmettent : se transmettent - are transmitted
transpire - is sweating
travail - work
travaille - works; is working
travaillé : avez travaillé - have worked
travailler - to work
travaux - work
tremblent - tremble
très - very
  très connu - well known
trouve - finds
  se trouve - is found
trouvé : avez trouvé - have found
trouver - to find
tu - you
tuer - to kill
type - type

U

un - a, an; one
une - a, an
unique - unique
université - university
utilise - uses

utiliser - to use

V

va - goes; is going
ça va bien - are you okay
vaccin(s) - vaccine(s)
vaccination(s) - vaccination(s)
vacciner - to vaccinate
vais - am going
vas - are going
vasculaire : accident vasculaire cérébral - stroke
vendus - sold
vers - towards; worms
vers à soie - silkworms
veut - wants
veux - want
victime(s) - victim(s)
vie - life
viennent - come
viens - come
vient - comes
vignerons - winegrowers
village - village
vin - wine
vins - wines
virus - virus
visage - face
visite - visits
vite : aussi vite qu' - as fast as
vivant - live
vivants - living
vivent - live
vivre - to live
voir - to see
voit - sees
voix - voice
vont - are going
vos - your
votre - your
vous - you
s'il vous plaît - please
voyage : ai voyagé - have traveled
vrai - true
vraiment - really
vu : ai vu - saw
vue : a vue - saw
ai vue - saw

Y

y : il n'y a pas - there aren't
il y a - there is; there are
il y a 2 jours - two days ago
qu'est-ce qu'il y a - what's wrong

yeux - eyes
yeux grands ouverts - eyes wide open

ABOUT THE AUTHOR

Theresa Marrama is a French teacher in northern New York. She has been teaching French to middle and high school students since 2007. She has translated a variety of Spanish comprehensible readers into French. She has published numerous books in French, Spanish, German, Italian, and English. She enjoys teaching with comprehensible input and writing comprehensible stories for language learners.

Check out her other books here:
www.compellinglanguagecorner.com

Check out her E-books here:

www.digilangua.co

Made in the USA
Monee, IL
13 September 2026

62980095R00056